AF468941

LETTRE
SUR LE SECRET
DE M. MESMER.

LETTRE SUR LE SECRET DE M. MESMER,

Ou réponse d'un Médecin à un autre qui avoit demandé des éclaircissemens à ce sujet ; extraite des numéros 19 & 20 de la Gazette de Santé.

ANN. 1782.

Se trouve à PARIS,

Chez MÉQUIGNON, l'aîné, Libraire, rue des Cordeliers.

M. DCC. LXXXII.

LETTRE SUR *LE SECRET* DE M. MESMER.

De Rochefort le 10 Mai 1782.

J'AI eu, comme vous, Monsieur & honoré Confrere, la démangeaison de découvrir en quoi consistoit le *magnétisme animal*, ce phénoméne qui a excité l'attention des curieux de la Capitale, dont la renommée s'est étendue dans les Provinces & sur lequel une partie du monde savant hésite encore de prononcer.

En observant M. Mesmer lui-même, propriétaire d'un secret qui lui est très-lucratif, vous avez dû sentir les raisons qui le faisoient s'envelopper d'un voile impénétrable à vos yeux, & le peu de succès de vos recherches n'a rien qui surprenne. Votre qualité d'homme de l'Art étoit surtout un avertissement pour lui d'être en garde. Vous savez qu'il n'initie personne à ses mysteres. Quoiqu'il ait toujours usé de cette circonspection, il a cependant été deviné.

Vous avez appris sans doute par les Gazettes de Santé du 25 novembre 1781, & du 27 janvier 1782, qu'une étincelle dérobée au foyer de M. Mesmer & apportée à Rochefort, a produit dans les mains du nouveau promethée, le même embrasement, a causé le même enthousiasme qu'à Paris.

Le rang & la réputation de connoissances qui distinguoient l'émule de M. Mesmer, prévenans en sa faveur, il a trouvé des partisans dans plusieurs personnes de considération. Un de ses amis, Amateur des sciences & connu pour les avoir cultivées avec succès, a levé un coin du voile qui tenoit les opérations mesmeriennes dans le mystere, les a saisies & répétées heureusement. Quelques Chirurgiens distingués dans leur profession, ayant fait la même découverte, se sont empressés de l'appliquer à leur art.

Le secret de M. Mesmer en étoit à ce degré de publicité dans cette ville, lorsque ma curiosité fut piquée. Ses émules que j'avois sous les yeux, n'ayant des prétentions ni à la gloire ni au lucre, qui sont les motifs ordinaires, agissoioient, pour ainsi dire, sans mystere & parloient, quoiqu'avec ménagement, assez pour être pénétrés, à l'exception de la confidence de la chose. Ils jettoient dans leurs raisonnemens tout le jour propre à favoriser mes recherches; de sorte que ces circonstances, bien différentes de celles dans lesquelles vous avez suivi M. Mesmer en 1778, étoient pour moi si heureuses, qu'à moins d'être très-mal adroit, je ne pouvois manquer de réussir.

Le principal avantage que j'ai tiré de la franchise des émules de M. Mesmer, a été de voir que, pour parvenir à la découverte de leur secret, je devois entierement écarter mes idées des routes dans lesquelles M. Mesmer a conduit celles du public. Le flambeau qu'il semble avoir placé pour éclairer la carriere qu'il parcourt, est un tour d'adresse extrêmement bien concerté; il sert le plus heureusement du monde à éloigner du but une infinité de personnes instruites, qui l'eussent atteint dès l'abord sans cette ruse.

D'abord, ces mots *magnétisme animal*, que M. Mesmer a pris pour la dénomination de son phénomene, sont un masque dont il couvre la chose, afin de la rendre plus méconnoissable. Il ne s'agit nullement de magnetisme dans le secret de M. Mesmer ; l'aimant n'entre pour rien dans ses procédés ; cette insinuation est de pure charlatanerie.

L'epithete *animal* ne convient pas non plus à la chose ; elle n'est ni animale, ni végétale, ni minérale. Il est vrai qu'on y fait jouer un rôle à des conducteurs de métal ; mais ce n'est qu'un prestige de plus. Il en est de même de tout ce que M. Mesmer débite dans sa brochure, touchant le fluide nouveau qu'il veut créer.

Puisque vous avez lu ce qu'on a écrit pour & contre le phénomene de M. Mesmer, vous savez que les opinions sur ce point se réduisent à trois.

Les uns croyent bonnement que M. Mesmer & ses émules ont un agent, une propriété particuliere qui les rends capables de communiquer des sensations à autrui, & de causer des changemens dans l'économie animale, par leur attouchement, même sans qu'il soit immédiat. Des sensations masquées par des convulsions violentes & cauſées par l'influence, autoriſent les partiſans de cette opinion. Ils penſent de plus que l'agent en queſtion eſt propre, par ſon influence, à guérir les maladies & à faire découvrir leur ſiege. Les partiſans de cette opinion portent la crédulité à ce point.

Les autres reſtreignent les effets du phénomene de M. Meſmer. Ils admettent l'influence de l'agent ; ils lui accordent la faculté de cauſer des ſenſations, mais ils lui refuſent celle de guérir & de procurer la découverte des maladies.

D'autres enfin nient abſolument les influences du phénomene de M. Meſmer, le traitent de chymere, & ſe trouvent par-là en contradiction avec les faits ; car il y a des faits frappans en ſa faveur. Outre ceux qu'il a pour lui dans la Capitale, quatre ou cinq perſonnes de cette ville tombent, par ſon moyen, dans des convulſions extraordinaires, & cela au vu & au ſçu de tout le monde.

De ces trois opinions ſur le phénomene de M. Meſmer, il n'y en a aucune de juſte.

Ni lui, ni ses émules n'ont l'agent particulier qu'ils s'attribuent, mais on ne peut nier les sensations qu'ils excitent. Quoique je nie la cause en admettant l'effet, ne vous hâtez pas, Monsieur & très-honoré Confrere, de trouver mon raisonnement inconséquent; c'est sur ce qu'il a d'incompréhensible aux yeux de ceux qui ne sont pas initiés, que sont posés les fondemens du systême des Mesmériens.

Permettez-moi d'irriter encore pendant quelques minutes votre curiosité. L'influence du phénomene Mesmérien a été reconnue par d'illustres Médecins & par une foule de Savans de l'antiquité. Polydore Virgile *de inventoribus rerum*; Cardan *de varietate rerum*; Gaffarel, dans ses *Curiosités inouies*; Mizauld *de mirabilibus arcanis*; Albert le grand, &c. en rapportent des effets évidens & d'une notorieté incontestable.

Bien des modernes dont l'autorité a force de loi, conviennent des effets de cette influence, dans des circonstances qui ne paroissent avoir aucun rapport avec les procédés des Mesmériens, & où elle agit cependant de la même maniere. Tout Médecin doit y croire. Il n'y en a peut-être pas un qui n'en ait vu & qui n'en ait même déterminé plusieurs fois l'action, sans en avoir eu positivement le dessein & sans le secours du secret de M. Mesmer.

Je ne vous raconterai pas les sensations du genre des procédés de M. Mesmer, que je me rappelle avoir causées par hasard à quelques malades & sans m'en douter; mais je vous parlerai des expériences que j'ai faites du secret en question & de mes succès.

Ma seule présence a dissipé un accès de vapeurs à une personne qui y est très-sujette & qui en est fort incommodée. Une autre jeune personne s'est évanouie à la vue du conducteur que je dirigeois vers son image reflêchi par une glace. J'ai jetté dans un tremblement universel une fille de treize ans, en lui présentant au creux de l'estomac le dessus de ma pelle à feu, &c. Vous jugez bien, que je ne me suis pas exposé à rougir de ces succès par l'ostentation du charlatanisme.

Ce qui vous ſurprendra le plus, c'eſt qu'étonné moi-même des phénomenes que j'opérois, j'étois auſſi embarraſſé pour m'en rendre raiſon que ſi d'autres les euſſent opérés en ma préſence. Le dirai-je ? J'aurois peut-être été dupe de moi-même, ſi, portant obſtinément le flambeau du ſcepticiſme ſur mes propres opérations, je n'étois reſté perſuadé de n'avoir employé aucun agent.

Raiſonnemens.

Pour traiter méthodiquement la choſe, revenons ſur nos pas, & refléchiſſons ſur les cas auxquels les Meſmeriens appliquent leur prétendu agent. Ils l'appliquent pour ainſi dire excluſivement aux maladies inviſibles, telles que celles des nerfs & les obſtructions, maladies qui ont été de tout tems la meilleure reſſource des Charlatans diſtingués par leur adreſſe, pour tromper les perſonnes oiſives, crédules & de peu de jugement.

En paſſant en revue les guériſons publiées par M. Meſmer & ſes émules, on trouve qu'elles ſe réduiſent d'elles-mêmes à zero, en exigeant ſeulement que chaque maladie ait été conſtatée avant le traitement. Dans toutes ces cures, on ne voit que l'art de l'homme éloquent, aſſez adroit auprès d'un ſujet, aſſez ſuſceptible de perſuaſion, pour lui faire croire qu'il avoit telle maladie, afin de paſſer pour l'avoir guérie, lorſqu'il lui plairoit de détruire le preſtige.

Ce deſſein d'en impoſer par des aſſertions hardies & propres à exciter la confiance par la crainte, eſt puiſſamment ſecondé par la préférence que les Meſmeriens accordent pour leurs traitemens aux perſonnes dont l'imagination eſt facile à ébranler, comme aux femmes à vapeurs. Il eſt d'ailleurs en quelque ſorte démontré par l'impuiſſance abſolue du phénomene ſur les perſonnes douées d'un jugement ferme & à l'épreuve des preſtiges de l'imagination.

Une fois que les Meſmeriens ont trouvé réunies dans un ſujet les circonſtances d'une imagination facilement irritable, de la peur de mourir & ſurtout de cette avidité de l'eſprit pour les choſes qui ſe préſentent ſous es dehors du merveilleux, l'appareil du traitement assure leur triomphe. Vous avez vu quel il est dans les deux articles de la Gazette de Santé qui en font mention.

Ils ajoutent encore à cela la séduction de l'exemple, en donnant artificieusement aux sujets qu'ils prétendent émouvoir, le spectacle de ce qu'il convient d'éprouver. On ne peut s'empêcher de faire cette remarque en voyant que les affections des nerfs si dissemblables dans différens sujets lorsqu'elles sont naturelles, sont, dans toutes les personnes magnétisées, pour ainsi dire uniformes & comme de pure imitation.

Ils mettent en usage jusqu'aux éguillons de l'amour propre, par des comparaisons avantageuses, par lesquelles ils portent les sujets à feindre une sensibilité de nerfs égale à celle de quelques personnes de considération, distinguées par leurs qualités personnelles & surtout par leur sensibilité.

Ce trait de ruse n'a point échappé à l'immortel *Sauvages*, qui en parle en ces termes. (voy. *Nosologia methodica, tome II, page 699*, article *Morbi morales*).

Morbi simulati, &c. » Les maladies feintes » méritent une attention particuliere & » trompent souvent les Médecins....... » Plusieurs femmes, par exemple, croyent » qu'il est du bon ton de passer pour vapo- » reuses, parce qu'elles se sont figurées que » les vapeurs caractérisent une touche de » génie délicat & supérieur à celui du com- » mun des hommes. C'est pourquoi elles » rougiroient de ne pas se trouver mal, de » ne pas tomber en convulsion, de ne point » être emportées par le délire, dans des con- » torsions, au récit de quelque chose d'at- » tendrissant, au son grossier & faux d » quelqu'instrument de musique, à la ter » reur, à la surprise, & surtout à la présence » de quelque objet extérieur que ce soit » (comme le conducteur magnétique) qui » aura affecté de la même maniere quel » ques personnes recommandables de leur » connoissance.

De tous ces raisonnemens tirés de l'observation & surtout des expériences que j'a faites moi-même pour me convaincre de leur véracité, j'ai été forcé de conclure que e ſecret de M. Meſmer conſiſte dans l'art de porter aux imaginations foibles, des atteintes capables de produire des impreſſions ſur l'économie animale. Les faits & l'autorité n'ont fait que fortifier en moi cette opinion.

Faits.

Il n'y a aucune eſpece de fond à faire ſur le réſultat des faits dont il a été queſtion dans la Gazette de Santé du 25 novembre. Leur degré de probabilité dépend excluſivement du degré de crédulité de ceux qui en ont connoiſſance & de l'adreſſe de ceux qui les racontent.

Pour ce qui eſt des faits rapportés dans la même Gazette du 27 janvier, leur témoignage n'eſt pas équivoque. On y parle d'une Demoiſelle de qualité ſoumiſe au traitement pour des obſtructions, d'une Dame tourmentée d'un levain de fievre intermittente & d'un ſoldat paralytique.

Des deux principales malades, la premiere eſt dans le même état que lorſqu'elle a commencé le traitement, quoiqu'elle continue depuis environ ſix mois; celui de ſeconde empire, malgré ce ſecours; & ſoldat eſt mort dans le cours du traitemen qui lui étoit adminiſtré par le Chirurgien major de l'Hôpital, à l'Hôpital même.

Autorités.

Le fruit de mes recherches ultérieures M. & très-honoré confrere, ſur le ſecret d M. Meſmer, ne m'a pas paru moins inté reſſant ni moins digne de votre attentio que ce que vous venez de voir.

Admirez ſurtout mon bonheur. J'ai trou vé tout le thême des Meſmeriens d'un bout l'autre dans un petit ouvrage rare & recher ché des curieux, compoſé par un Médeci du xve. ſiecle, *Thomas Fienus*, & intitul *de viribus imaginationis*. Ainſi les choſes le plus frappantes par leur nouveauté & pa leur degré d'intérêt, ne ſont le plus ſouvent aux yeux de l'homme érudit, que de nou velles repréſentations des ſcènes jouées che nos prédéceſſeurs.

Thomas Fienus diſtingue les influences ſu

'imagination en celles qui ont lieu dans un ujet & en celles qu'un sujet peut produire ur les autres. Les premieres dépendent de la lisposition naturelle; les autres exigent le oncours de deux dispositions: la disposition aturelle & le pouvoir que l'on suppose à n autre d'agir sur elle. M. Mesmer qui a écrit sur son phénomene, ni M. Deslon qui a composé une autre brochure en forme l'apologie de ce secret, à dessein ou autrement, n'en ont rien dit d'aussi intelligible.

Le Médecin d'Anvers traite sa matiere en philosophe & surtout en physicien consommé, celui de Vienne, pour ne pas paroître donner du réchauffé, s'écarte des traces de son maître & se perd dans des spéculations idicules; pour être incompréhensible, il préfere d'être absurde.

Des raisonnemens Thomas Fienus passe ux faits; il rapporte une multitude de sensations remarquables causées par la seule nfluence de l'imagination & de guérisons lifficiles operées par ce moyen; mais M. Mesmer, quoiqu'il n'employe pas autre chose pour faire ses miracles, ne le dit pas & il a ses raisons. Celui-là peint avec l'exactitude & l'impartialité qui caractérisen l'homme de jugement & de probité; on sai quel est le faire des Mesmeriens aux yeu des personnes impartiales.

Je quitte Thomas Fienus dont l'ombr pourroit s'offenser d'un plus long parallelle pour passer à d'autres autorités. Différen traits répandus dans l'histoire de la Médecine, ont la plus grande analogie avec l secret de M. Mesmer. Une multitude d Charlatans ont précédé les Mesmeriens dan la carriere où ils sont, & la plupart ont e plus de succès que lui & plus de réputatio

Rappellez-vous, Monsieur & très-honoré Confrere, les succès prodigieux de *amulettes* chez les Grecs & les Latins, des *talismans* chez les Arabes: » moyens » dit *Castellan*, (*Dictionarium medicum*) » dont l'usage étoit établi sur un gran » fond de vanité & principalement de su» perstition.

Parmi les amulettes qui ont fait le plus de bruit, on diſtingue celle d'un certain *Serenus Sammonicus*, Médecin qui vivoit dans le troiſieme ſiecle du tems de l'Empereur Severe. Cet homme étoit en grande vénération à cauſe du ſecret qu'il avoit de guérir la fievre par l'impoſition des mains ſur les malades & en leur faiſant écrire le mot ſuivant :

a b r a c a d a b r a
a b r a c a d a b r
a b r a c a d a b
a b r a c a d a
a b r a c a d
a b r a c a
a b r a c
a b r a
a b r
a b
a

Les Meſmeriens agiſſent par l'impoſition des mains ſeulement & ſans le ſecours du mot triangulaire.

Les talismans consistoient dans des piec de métal ou de bois que l'on portoit per dues au cou ou appliquées sur quelque pa tie du corps, comme la boîte préparée do les Mesmeriens font usage.

Les charmes & enchantemens qui se so multipliés sous une infinité de formes dans Médecine chez toutes les nations du mond étoient, dit *Castelan*, des moyens trompeu & illusoires de guérir les maladies. Leur ap plication étoit analogue aux simagrées qu font les Mesmeriens sur le verre d'eau qu quelques personnes ne peuvent avaler sa faire des contorsions.

Il est question dans un ouvrage de *Mich* *Medina*, d'un enfant renommé de son tem par la faculté qu'il exerçoit de guérir, con me les Mesmeriens, les maladies les plu graves, par le seul attouchement. Plusieur autres traits de cette nature nous sont con nus par tradition; quelques-uns sont mêm venus jusqu'à nous.

Le siecle où nous sommes, quelqu'humi l'ant qu'il soit de se le rappeller, offre de les des influences ſur l'imagination, icules dans leur principe, & comme le ret de M. Meſmer, étonnans dans leurs ets.

l n'y a pas plus de cinquante ans, que n voyoit encore des victimes de la crédu- é languir miſérablement & périr frappés l'idée d'avoir reçu un trait mortel de la nple volonté de quelque ſorcier. Avec des tileges, on faiſoit mille choſes miracu- ſes aux yeux de l'imagination, ſi l'on ut ſe ſervir de cette expreſſion.

Ailleurs, des perſonnes ſont mortes d'ima- nation frappée à l'époque à laquelle leur ort avoit été prédite par des horoſcopes. Les influences des preſtiges ont encore éré des phénomenes plus ſurprenans dans s tems qui ne ſont pas fort loin de nous. a-t-il rien de plus fort que le ſecret de ſpendre les tranſports d'un nouvel époux de le rendre impuiſſant la premiere nuit ſes nôces, par l'appareil myſtérieux d'un océdé qui s'appelloit *nouer l'éguillette?* Ce énomene qui s'eſt répété mille fois, ſur- aſſe ſans doute ceux de M. Meſmer en merveilleux. La force propre à donner convulsions n'approche pas de celle qui un frein à l'amour.

Je crois en avoir assez dit, Monsieu très-honoré Confrere, pour vous persu que le secret de M. Mesmer n'est qu'un chantement renouvellé des Grecs & des ciens de tous les siecles, & que toute sonne peut en faire autant que lui, e employant les mêmes artifices, le m appareil & en ne l'appliquant qu'à des sonnes crédules ou capables de feindre ne sais si son moyen a encore à Paris q que vogue ? A Rochefort, il s'est décré de lui-même par son insuffisance. Vou vous que je vous dise en confidence, ce a le plus contribué à son discredit ? L'an propre révolté des personnes qui ont dupes de leur confiance.

J'ai l'honneur d'être, &c. RETZ, D

FIN.

www.ingramcontent.com/pod-product-compliance
Ingram Content Group UK Ltd.
Pitfield, Milton Keynes, MK11 3LW, UK
UKHW020229200726
13856UKWH00004B/1668

9 782013 049832